SAUCES

經典又創新的醬汁103種，會做醬汁就會做菜

TK

Basic Tomato Sauces

基本番茄醬汁

Basic Butter Sauces

基本奶油醬汁

Special Sauces

特殊醬汁

Basic Oil Sauces

油醋醬汁

Basic Scock

基本高湯

Ingredient

材料

與時俱進、反映時代，既經典又創新的103種醬汁

一道菜餚的美味與否，所謂的嚴選素材固然重要，但決定味道的醬料，才是它的靈魂。

您是不是曾有這樣的經驗？自家下廚烹調的菜餚總覺得不如餐廳裡嚐到的好吃，凱撒沙拉到底是少了醋、缺了糖，還是起司放得不夠？

「會做醬汁就會做菜」書中依照醬汁的顏色及使用方式區分，教您輕鬆製作決定美味關鍵的醬汁，醬汁會做了，那麼做出道地的菜餚也就更簡單容易！

一道好的醬汁建立在好的基本高湯，一道好的菜餚其實醬汁才是美好滋味的主角，雖然有些醬汁不一定要使用高湯，像是：奶油醬汁中的荷蘭醬汁 Hollandaise，但是好的醬汁可以增加食物的豐盛味道及外觀顏色；組織綿密及濃稠度恰到好處的醬汁，更足以增加菜餚的色、香、味。

本書將醬汁共分成七個部份，包括：基本褐色醬汁、基本白色醬汁、基本番茄醬汁、基本奶油醬汁、基本油醋醬汁、特別醬汁及製作高湯。每一種醬汁除了各有特色風味外，用途也不同，紮實的瞭解這些法式料理的基本母醬，接下來才能夠進一步變化運用，是非常重要的關鍵。傳統的醬汁仍是創新的基礎，因此，本書收錄作為料理專業人員必須熟知的經典醬汁，若能夠將這些醬汁融會貫通、加以變化，就是本書編輯最重要的目的。

「會做醬汁就會做菜」2006年底出版至今，受到許多讀者支持，更有一些西廚科系用來作為教學之用。2022年的新版，這些經典的醬汁不變，改變的是將醬汁的做法、內容與時俱進，大幅度調整，以求更符合現代餐飲對食材、製程與健康的追求，並且再加入許多應用醬汁製作的菜餚，希望能夠為大家帶來新的啟發與靈感，讓書中經典的美味，更貼近現代你我的餐桌。

陳寬定

陳寬定教授
國立高雄餐旅大學西餐廚藝系
教授級專技教師兼系主任、產學營運總中心中心主任
學歷
U.S.A Golden State University 美國高登大學 榮譽博士
國立高雄應用科技大學旅遊暨餐飲管理研究所 碩士
獲獎榮譽
1986、1987年 台北金廚獎金牌
1986年 FHA新加坡國際美食大賽金牌
1988年 德國 IKA 奧林匹克大賽 IKA Culinary Olympics 雙金牌
2001年 中華民國第八屆技術楷模金技獎
2014 教育部師鐸獎
2017 兩岸十大餐飲名師
2018 星雲教育獎

經歷
世界技能競賽 (world skills) 西餐烹調職類 (cooking) 裁判
行政院勞動部全國技能競賽西餐烹調職類裁判長
行政院勞動部西餐烹調職類乙、丙級技能檢定學、術科命題委員
西餐烹調職類術科測試、場地、機具、設備評鑑人員
1998、2004 美國 Culinary Institute of America 深造
2009年 法國 Institut Paul Bocuse 交換老師
2009年 美國在台協會 (AIT) 最佳成就獎
2019年 美國肉類出口協會 Taiwan Top Chef 、最佳名譽顧問
FHC上海國際烹飪藝術大賽裁判
TUCC泰國極限廚師挑戰賽裁判
HKICC香港國際美食大賽裁判

感謝以下同學的協助！
蔡斌翰／陳文祺／宋介源／吳奎璋
吳秉儒／何文毅／劉韋琳／張佩雯
洪婉甄／黃郁翔／陳義中／黃瀞賢
鄭馨萍／王婉如／王致賢

Basic Brown Sauces
基本褐色醬汁

基本褐色醬汁裡，牛骨肉汁 Gravy 及半釉汁 Demi-Glace 是褐色醬汁的母醬。將牛骨肉汁（也可改用其他材料，如：雞骨、羊骨或豬骨）濃縮到一半使醬汁更濃稠、光亮，就成為半釉汁，再衍生其他醬汁時比較快、也更有味道。因此牛骨肉汁與半釉汁可變化成其他各種醬汁，如：紅酒醬汁 Red Wine Sauce、黑胡椒醬汁 Black Pepper Sauce...，都可如此延伸製作。

在使用變化上，褐色醬汁主要用於紅色的肉類，如牛、羊、鴨及野味中的鹿肉，也可加上鮮奶油 Cream 使顏色變為淡褐色，如：蘑菇醬汁 Brown Mushroom Sauce，可用於豬肉。

牛骨肉汁
Gravy

材料

奶油 ⋯ 30克

洋蔥丁 ⋯ 150克

胡蘿蔔丁 ⋯ 200克

西芹丁 ⋯ 150克

青蒜苗丁 ⋯ 80克

月桂葉 ⋯ 2片

迷迭香 ⋯ 1小匙

百里香 ⋯ 1小匙

黑胡椒粒 ⋯ 1小匙

番茄泥(tomato pureé) ⋯ 250克

牛骨 ⋯ 5公斤

烤過的筋肉 ⋯ 500克

褐色牛高湯 ⋯ 15公升

作法

1. 烤箱預熱至180°C，將牛骨放入烤箱中，烤至骨頭呈褐黃色。

2. 炒鍋預熱，放入奶油後，加入調味蔬菜（洋蔥丁、胡蘿蔔丁、西芹丁和青蒜苗丁）、打碎的番茄和香料袋，炒約20分鐘。

3. 加入烤過的筋肉、褐色牛高湯。

4. 小火慢熬5-6小時，一直濃縮至適當的濃稠度後，過濾備用。

P.S.

Gravy牛骨肉汁是所有褐色醬汁的母醬（Mother sauce），由它可延生出其他褐色醬汁。

使用牛骨肉汁

炒牛肉蘆筍布蕾

Sautéed Beef Sliced and Foie Gras with Mushroom on Asparagus Brulé

材料

奶油　30毫升
洋蔥碎　30克
蒜碎　10克
牛里脊肉片　80克
鴨肝　50克
杏鮑菇片　40克
蘑菇片　40克
香菇片　40克
白酒　少許
鹽和白胡椒粉　適量

蘆筍布蕾

奶油　20毫升
洋蔥碎　50克
月桂葉　1片
蘆筍丁　200克
雞高湯　300克
鮮奶油　200毫升
蛋　2顆
蛋黃　3顆
鹽和白胡椒粉　適量

烤培根碎　10克（裝飾用）
牛骨肉汁　80毫升

作法

1. 熱鍋放入奶油、洋蔥碎、大蒜碎炒香，加入牛肉片炒熟取出，放入鴨肝煎上色取出切丁。

2. 繼續用鍋子炒杏鮑菇片、蘑菇片、香菇片，倒入白酒燒煮收汁，再加入鴨肝丁，並用鹽和白胡椒粉調味。

3. 熱鍋放入奶油、洋蔥碎、月桂葉炒香，加入綠蘆筍丁拌炒，再加入雞高湯煮熟打成泥，放涼後拌入蛋液、鮮奶油，並用鹽和白胡椒粉調味。

4. 將混合好的蛋液倒入盤中，放入180℃的烤箱，蒸至熟。

5. 將炒好的牛肉和鴨肝、菇片放在烤好的布蕾上，撒上脆培根碎裝飾，淋上牛骨肉汁。

紅酒醬汁
Red Wine Sauce

材料

奶油 … 20克
紅蔥頭碎 … 20克
紅酒 … 150毫升
半釉汁 … 250毫升（見13頁）
鹽、胡椒 … 適量

作法

1. 熱熱鍋，加入奶油融化後，炒香紅蔥頭碎，並加入紅酒濃縮。

2. 加入半釉汁濃縮約5分鐘。

3. 將醬汁過濾並加入適量的鹽、胡椒調味。

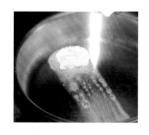   

Sherry wine 雪莉酒

西班牙的特產國酒。主要以 Palomino 葡萄品種釀造的一種強化葡萄酒，雪莉酒的酒色與風味可自淡金黃色而極澀至暗褐而極甜，其特殊的風味及芳香來自於曝曬時吸收的植物芳香。

半釉汁
Demi-Glace

材料

牛骨肉汁 … 5公升（見10頁）

作法

將牛骨肉汁濃縮至一半的量，半釉汁應呈現濃稠狀，且表面呈亮面。

P.S.

半釉汁（Demi-Glace）除了可當醬汁，也可以延生其他褐色醬汁，並可減少濃縮（reduce）的時間。

雪莉酒醬汁
Sherry Wine Sauce

材料

奶油 … 20克

紅蔥頭碎 … 20克

雪莉酒（sherry wine）
　 … 80毫升

半釉汁 … 250毫升（見13頁）

鹽、胡椒 … 適量

作法

1. 熱鍋，加入奶油融化後，炒香紅蔥頭碎並加入雪莉酒濃縮。

2. 加入半釉汁濃縮約5分鐘。

3. 將醬汁過濾並加入適量的鹽、胡椒調味。

波特酒醬汁
Port Wine Sauce

材料

奶油 … 20克

紅蔥頭碎 … 20克

波特酒（port wine）… 80毫升

半釉汁 … 250毫升（見13頁）

鹽、胡椒 … 適量

作法

1. 熱鍋，加入奶油融化後，炒香紅蔥頭碎並加入波特酒濃縮。

2. 加入半釉汁濃縮約 5 分鐘。

3. 將醬汁過濾並加入適量的鹽、胡椒調味。

Port wine 波特酒

葡萄牙的特產國酒。一種強化葡萄甜酒，傳統上附於甜點或餐後供飲。

使用波特酒醬汁

法脂鴨肝煎牛排

Pan Fried Beef Fillet and Foie Gras with Sautéed Mushroom and Port Wine Sauce

材料

牛菲力　120克

鴨肝　80克

澄清奶油　20克（見58頁）

炒蕈菇

橄欖油　30毫升

洋蔥碎　30克

大蒜碎　10克

蘑菇丁　60克

杏鮑菇丁　60克

鴻喜菇丁　60克

香菇丁　60克

九層塔碎　2克

鹽和白胡椒粉　適量

波特酒醬汁　適量

作法

1. 將鴨肝、牛菲力用澄清奶油煎上色。

2. 放入烤箱烤至喜好的熟度備用。

3. 起另一鍋子放入橄欖油、洋蔥碎、大蒜碎炒香，再放入所有菇類和
   九層塔炒熟，調味即可。

4. 將炒好的菇類放在盤底，再放上牛排、鴨肝，最後再淋上波特酒醬
   汁，可用金箔（份量外）裝飾。

羅勃醬汁
Robert Sauce

材料

奶油 … 20 克
洋蔥丁 … 30 克
白酒 … 30 克
半釉汁 … 250 毫升
　（見13頁）

法國第戎（Dijon）芥末醬
　… 15 克
鹽、胡椒 … 適量

作法

1. 熱鍋，加入奶油融化後，炒香洋蔥碎。

2. 倒入白酒濃縮。

3. 加入半釉汁和法國第戎芥末醬濃縮約5分鐘。

4. 加入適量的鹽、胡椒調味。

Dijon Mustard 第戎芥末醬

在法國里昂地區用黑或褐色芥末籽與鹽、香料、白葡萄酒或未熟酸果汁攪拌均勻的一種法式芥末醬，具凝乳狀質地及黃褐色澤，爽口辛酸、中辣風味。

褐色蘑菇醬汁
Brown Mushroom Sauce

材料

奶油 … 25 克
紅蔥頭碎 … 25 克
月桂葉 … 1 片
百里香 … 1 枝
蘑菇丁 … 120 克

白酒 … 80 克
半釉汁 … 250 毫升
　（見13頁）
鹽、胡椒 … 適量

作法

1. 熱鍋，加入奶油融化後，炒香紅蔥頭碎、月桂葉、百里香，加入蘑菇丁，並將蘑菇丁炒至軟化，倒入白酒濃縮。

2. 加入半釉汁濃縮約5分鐘。加入少許的鮮奶油（如果醬汁的顏色太深的話，可省略）。

3. 加入適量的鹽、胡椒調味。

黑胡椒醬汁
Black Pepper Sauce

材料

奶油 … 20克

洋蔥丁 … 30克

大蒜碎 … 15克

黑胡椒粒 … 10克

白蘭地 … 20毫升

紅酒 … 120毫升

半釉汁 … 250毫升（見13頁）

鮮奶油 … 適量

鹽、胡椒 … 適量

作法

1. 熱鍋，加入奶油融化後，炒香洋蔥碎、大蒜碎和黑胡椒粒。倒入白蘭地，燒去酒精。

2. 倒入紅酒，再將紅酒濃縮。

3. 加入半釉汁濃縮，加入少許的鮮奶油（如果醬汁的顏色太深的話）。

4. 加入適量的鹽、胡椒調味。

馬沙拉酒醬汁
Masala Sauce

材料
奶油 … 20克
紅蔥頭碎 … 20克
馬沙拉酒（marsala wine）
　… 80毫升
半釉汁 … 250毫升（見13頁）
鹽、胡椒 … 適量

作法
1. 熱鍋，加入奶油融化後，炒香紅
　蔥頭碎並加入馬沙拉酒濃縮。

2. 加入半釉汁濃縮約5分鐘。將
　醬汁過濾再以適量的鹽、胡椒
　調味。

Marsala 馬沙拉甜酒
是一種義大利強化白葡萄酒，酒的顏色
由琥珀至褐色，口味大致可分三種：fine
（最甜）、mostocotto（焦糖風味）、及
superiore（酒體顏色黑，儲存酒桶中至少
兩年）。

使用馬沙拉酒醬汁

蜜汁燴小羊膝

Honey Braised Lamb Knuckle with Braised Vegetable and Masala Sauce

材料

羊膝　2隻	橄欖油　30毫升
澄清奶油　20克	青蔥　1顆
（見58頁）	黑糖　20克
紅酒　30毫升	糖　20克
洋蔥碎　30克	醬油　20毫
大蒜碎　10克	蜂蜜　30克
迷迭香　5克	娃娃菜　6顆
月桂葉　2片	
褐色高湯　1公升	馬沙拉酒醬汁　適量

作法

1. 將小羊膝以綿繩固定,起鍋用澄清奶油煎上色後取出,倒入紅酒洗鍋中的油渣留下備用。

2. 另起大湯鍋,炒香洋蔥碎、大蒜碎、迷迭香、月桂葉後加入剛用紅酒洗的汁液,燒乾紅酒。

3. 加入褐色高湯、煎好的羊膝煮滾,用鋁箔紙蓋上放入180℃烤箱烤1小時30分鐘。

4. 以橄欖油熱鍋將整株蔥、黑糖、糖、醬油、蜂蜜煮至混合,將燙過的娃娃菜放入剩餘醬汁煮入味備用。

5. 盤中盛上娃娃菜、小羊膝再淋上馬沙拉酒醬汁上桌。

褐色洋蔥醬汁
Brown Onion Sauce

材料

奶油 … 25克

洋蔥絲 … 80克

半釉汁 … 250毫升（見13頁）

鹽、胡椒 … 適量

作法

1. 熱鍋，加入奶油融化後，炒香洋蔥絲至顏色變成褐黃色。

2. 加入半釉汁濃縮5分鐘。

3. 加入適量的鹽、胡椒調味。

紅蔥頭醬汁
Shallots Sauce

材料

奶油 … 20克

紅蔥頭碎 … 30克

紅酒 … 80毫升

半釉汁 … 180毫升（見13頁）

鹽、胡椒 … 適量

作法

1. 熱鍋，加入奶油融化後，炒香紅蔥頭碎。

2. 倒入紅酒並濃縮。

3. 加入半釉汁濃縮5分鐘。

4. 加入適量的鹽、胡椒調味。

松露醬汁

Périgord Sauce

材料

馬沙拉酒醬汁 ⋯ 250 毫升
　（見18頁）
松露切碎 ⋯ 1/2 顆

作法

1. 熱鍋，加入馬沙拉酒醬汁加熱。

2. 加入松露碎，並以適量的鹽、胡椒調味。

Truffle 松露（圖為切碎松露）

以法國培里歌爾（périgord）地方產的最上等，橫切面呈大理石的紋路，通常切成薄片使用。具有非常芳香的氣味，可新鮮或製成罐頭。有黑、白兩種松露，因產量不多，都是非常昂貴的食材，白松露與義大利米、麵食料理搭配，味道極佳。

牛骨髓醬汁
Marrow Sauce

材料

波特酒醬汁 … 200毫升（見14頁）
小牛骨髓（veal bones marrow）
　… 20克
鹽、胡椒 … 適量

作法

1. 熱鍋，加入波特酒醬汁加熱。

2. 加入小牛骨髓，並以適量的鹽、胡椒調味。

羊肚蕈醬汁
Morel Sauce

材料

奶油 … 20克
洋蔥碎 … 30克
乾羊肚蕈 … 5克
波特酒 … 80毫升
半釉汁 … 250毫升（見13頁）
鹽、胡椒 … 適量

作法

1. 熱鍋，加入奶油融化後，炒香洋蔥碎。

2. 加入泡水還原洗乾淨，再擠乾的羊肚蕈
　 炒香。

3. 加入波特酒、半釉汁，濃縮5分鐘。

4. 以適量的鹽和胡椒調味。

魔鬼醬汁
Deviled Sauce

材料

奶油 … 20克

洋蔥碎 … 30克

胡椒粒 … 3克

番茄打碎 … 50毫升

半釉汁 … 250毫升（見13頁）

鹽、胡椒 … 適量

巴西利碎 … 2克

百里香碎 … 2克

作法

1. 熱鍋，加入奶油融化後，炒香洋蔥碎和胡椒粒。

2. 加入打碎的番茄、半釉汁後，濃縮約5分鐘後過濾。

3. 以適量的鹽和胡椒調味。

4. 最後撒入少許的巴西利碎和百里香碎。

獵人醬汁
Hunter's Sauce

材料

奶油 … 30克

紅蔥頭切片 … 25克

蘑菇切片 … 80克

番茄泥（tomato purée）

　… 80克

白酒 … 80克

半釉汁 … 250毫升（見13頁）

鹽、胡椒 … 適量

巴西利（parsley）切碎 … 3克

作法

1. 熱鍋，加入奶油融化後，炒香紅蔥頭片。

2. 加入蘑菇片、打碎的番茄泥，並炒至蘑菇軟化。加入白酒濃縮。

3. 倒入半釉汁濃縮。

4. 加入適量的鹽、胡椒調味，最後加上些許的巴西利碎。

Basic White Sauces

基本白色醬汁

基本白色醬汁可延生其他多種醬汁，可說是白色醬汁的母醬，其中可變化成多種的醬汁，如本書中的貝夏美醬汁 Béchamel Sauce、蛋黃奶油基本醬汁 Allemande Sauce、奶油海鮮基本醬汁 Supreme Sauce 都是最基礎的白色醬汁。

貝夏美醬汁的濃稠度來源於油糊 Roux、蛋黃 Yolk 或鮮奶油 Cream。由於飲食習慣的進步，除了受限於成本考量的情況之外，現在很少再使用油糊來增加醬汁濃稠度，而多半以白色高湯和鮮奶油所調製而成，來讓醬汁產生濃稠的口感。

白色醬汁在使用上多用於白色的肉類，如雞、火雞、魚排或是海鮮，可依照使用處的不同，選擇替換以不同的高湯製作。調味用葡萄酒是則採用白葡萄酒，也可以用香檳酒、苦艾酒、琴酒等…。若是要使用在海鮮上，在製作時就可使用白色魚高湯加上鮮奶油的基本醬汁；若是要使用在雞肉料理上，就可使用白色雞高湯加上鮮奶油。

貝夏美醬汁

Béchamel Sauce

Butter 奶油

以攪打或攪拌鮮奶油而產生的油脂，至少含80%以上的乳脂肪，不超過16%的水份及2-4%的固形物，約在攝氏38℃時會融化成液體且在127℃時達發煙點，適用於烹煮、作為食材及覆蓋在食物上隔絕空氣保鮮。

材料

牛奶 … 250毫升

油糊 … 50克（見下方）

月桂葉 … 1片

洋蔥丁 … 50克

胡椒粒 … 5克

作法

1. 熱鍋放入牛奶煮滾後，放入油糊以打蛋器打勻。

2. 加入月桂葉、洋蔥丁和胡椒粒，煮約10分鐘。

3. 過濾即可。

油糊
Roux

材料

麵粉 … 150克

奶油 … 150克

作法

1. 熱鍋，放入奶油融化後，加入麵粉一邊加熱一邊以打蛋器攪拌均勻。

2. 加熱至出現香味且沒有生麵粉的氣味或結塊即可。

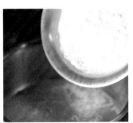  

奶油咖哩醬汁
Curry Cream Sauce

材料

奶油 … 25克
洋蔥碎 … 50克
咖哩粉 … 15克
白酒 … 50毫升
雞高湯 … 300毫升
鮮奶油 … 150毫升
鹽、胡椒 … 適量

作法

1. 熱鍋放入奶油融化，放入洋
   蔥碎、咖哩粉，拌炒一下。

2. 加入白酒、雞高湯、鮮奶油
   稍煮濃縮至醬汁稠化。

3. 以鹽和胡椒調味。

使用奶油咖哩醬汁

咖哩雞酥皮袋
Curry chicken in filo pastry with cream curry sauce

材料

蔬菜油　30毫升	椰奶　200毫升
洋蔥丁　80克	鮮奶油　120毫升
月桂葉　2片	鹽和白胡椒粉　適量
雞丁　120克	酥皮（Filo pastry）　3張
咖哩粉　1湯匙	煮熟的青蒜苗絲　10克
白葡萄酒　80毫升	
馬鈴薯丁　80克	奶油咖哩醬　適量
胡蘿蔔丁　80克	

作法

1. 起鍋熱蔬菜油，放入洋蔥丁、月桂葉炒香，再放入雞丁、咖哩粉炒香，倒入白葡萄酒待收汁。

2. 放入馬鈴薯、胡蘿蔔煮軟，加入椰奶、鮮奶油，用鹽和白胡椒粉調味即可放涼備用。

3. 將2用酥皮包起來，用煮熟的青蒜苗絲（份量外）綁起來，再放入180℃烤箱烤至酥皮上色，附上奶油咖哩醬即可。

鮮蠔醬汁
Oyster Sauce

材料

奶油 … 20毫升

洋蔥碎 … 50克

大蒜碎 … 20克

蠔肉 … 120克

白酒 … 80克

魚高湯 … 80毫升

鮮奶油 … 120毫升

鹽、胡椒 … 適量

作法

1. 熱鍋，放入奶油融化，炒香洋蔥碎、大蒜碎，再放蠔肉炒熟。

2. 加入白酒、魚高湯濃縮至一半。

3. 將蠔肉取出，醬汁過濾。加入鮮奶油並以打蛋器攪拌均勻。

4. 以鹽和胡椒調味。

天鵝絨魚醬汁
Fish Velouté

材料

魚高湯 … 250毫升
油糊 … 50克（見27頁）
鹽 … 3克
胡椒粒 … 5克

作法

1. 鍋中放入魚高湯，放入油糊以打蛋器打勻。

2. 小火慢煮至醬汁稠化。過濾。

天鵝絨雞醬汁
Chicken Velouté

材料

雞高湯 … 250毫升
油糊 … 50克（見27頁）
蘑菇蒂頭或切剩的部分 … 50克
鹽 … 3克
白胡椒粉 … 5克

作法

1. 將雞高湯放在鍋中加熱至滾。放入油糊並以打蛋器打勻，小火慢煮至醬汁稠化。

2. 加入蘑菇並煮約20分鐘，過濾。

3. 以鹽和白胡椒粉調味。

蛋黃奶油基本醬汁

Allemande Sauce

材料

天鵝絨雞醬汁 … 250 毫升
　（見 31 頁）
蛋黃 … 1 顆
鮮奶油 … 50 毫升
檸檬汁 … 5 毫升

作法

1. 將天鵝絨醬汁加熱至滾。

2. 加入蛋黃、鮮奶油和檸檬汁。

3. 以打蛋器攪拌均勻。

奶油海鮮基本醬汁
Supreme Sauce

材料
天鵝絨魚醬汁 … 250毫升
　（見31頁）
鮮奶油 … 80毫升
奶油 … 30克

作法
1. 將天鵝絨醬汁加熱至滾。
2. 加入鮮奶油和奶油，以打蛋器攪拌均勻。

新鮮香料醬汁
Fresh Herbs Cream Sauce

材料
奶油 … 20毫升
洋蔥碎 … 50克
白酒 … 150毫升
雞高湯 … 360毫升
鮮奶油 … 120毫升
新鮮羅勒碎 … 2克
新鮮百里香碎 … 2克
新鮮巴西利（parsley）碎 … 2克
鹽、胡椒 … 適量

作法
1. 熱鍋，加入奶油融化後放入洋蔥碎炒香。
2. 倒入白酒加熱濃縮2分鐘。
3. 加入雞高湯、鮮奶油。濃縮到醬汁濃稠。
4. 加入新鮮羅勒、百里香和巴西利碎。
5. 以鹽和胡椒調味。

白酒奶油醬汁
White Wine Cream Sauce

材料

奶油 … 20克
洋蔥碎 … 50克
白酒 … 150毫升
雞高湯 … 300毫升
鮮奶油 … 120毫升
鹽、胡椒 … 適量

作法

1. 熱鍋，融化奶油，加入洋蔥碎並炒香。

2. 加入白酒濃縮，之後再放入雞高湯再濃縮至一半。

3. 倒入鮮奶油濃縮，之後過濾。

4. 放回鍋中以適量的鹽和胡椒調味。

Whipping Cream 液狀鮮奶油

乳脂肪含量至少35%以上的乳製品，成微黃至象牙白色，口感上比牛奶更黏稠與濃郁，可打發。浮游在生乳上層，在製成商品前必須經加熱殺菌，或瞬間高溫殺菌及均質化。

使用白酒奶油醬汁

炒蘑菇雞肉片

Sautéed Chicken Breasted Sliced With Mushroom and White Wine Cream Sauce

材料

雞胸肉片　120克

鹽和白胡椒粉　適量
　（醃漬用）

白葡萄酒　15毫升

澄清奶油　20毫升
　（見58頁）

奶油　30毫升

洋蔥丁　50克

蘑菇片　120克

月桂葉　1片

白葡萄酒　80毫升

鮮奶油　120毫升

新鮮百里香　1/3茶匙

牛骨肉汁　360毫升
　（見10頁）

白酒奶油醬汁　適量

鹽和白胡椒粉　適量

作法

1. 將雞胸肉片用鹽、白胡椒粉、白酒醃漬。

2. 依照左頁製作白酒奶油醬汁。

3. 取另一鍋子熱鍋放入澄清奶油，將雞胸肉片煎上色取出，加入奶油炒香洋蔥丁，蘑菇片、月桂葉、新鮮百里香，再加入白葡萄酒、鮮奶油燒煮收汁。

4. 最後加入雞胸肉片、牛肉骨汁、白酒奶油醬汁煮至濃縮，用鹽和白胡椒粉調味即可。

5. 可用薯泥（份量外）擠在盤內，再舀上炒蘑菇雞肉片。

辣根奶油醬汁

Horseradish Cream
Sauce

材料

辣根醬（horseradish）… 20克
白酒醋 … 5毫升
天鵝絨雞醬汁 … 120毫升（見31頁）
雞高湯 … 200毫升
鮮奶油 … 120毫升
蛋黃 … 1顆
糖 … 10克
鹽、胡椒 … 適量

作法

1. 熱鍋，加入辣根醬、白酒醋、天鵝絨醬汁和雞高湯，煮約5分鐘。

2. 加入鮮奶油和蛋黃、糖，以打蛋器拌勻，至醬汁稠化。

3. 最後以鹽和胡椒調味。

Horseradish Sauce
辣根醬

以辣根、醋、糖、芥末粉、鮮奶油、鹽及胡椒調製的一種英式調味料，通常搭配於燒烤牛排及魚類菜餚。

蝦夷蔥醬汁
Chives Sauce

材料

白酒奶油醬汁⋯ 250毫升
　（見34頁）
新鮮蝦夷蔥切碎⋯ 10克
鹽、胡椒⋯ 適量

作法

1. 將白酒奶油醬汁加熱至滾。

2. 放入蝦夷蔥碎並以鹽和胡椒
　 調味。

酸豆奶油醬汁
Capers Cream Sauce

材料

奶油⋯ 20克
洋蔥碎⋯ 50克
酸豆碎⋯ 10克
白酒⋯ 50毫升
魚高湯⋯ 300毫升
鮮奶油⋯ 150毫升
鹽、胡椒⋯ 適量

作法

1. 熱鍋放入奶油融化，放入洋蔥碎、酸豆
　 碎，拌炒一下。

2. 加入白酒、魚高湯、鮮奶油稍煮濃縮至醬
　 汁稠化。

3. 以鹽和胡椒調味。

奶油蘑菇醬汁
Mushroom Cream Sauce

材料

奶油⋯20毫升

洋蔥碎⋯30克

月桂葉⋯1片

百里香⋯1/3小匙

蘑菇片⋯120克

白酒⋯80毫升

雞高湯⋯200毫升

鮮奶油⋯120毫升

鹽、胡椒⋯適量

作法

1. 熱鍋，放入奶油融化後，炒香洋蔥碎、月桂葉、百里香，再放蘑菇片和白酒炒到收汁。

2. 加入雞高湯、鮮奶油，濃縮至醬汁稠化。

3. 以鹽和胡椒調味。

芥末籽醬汁
Mustard Seed Sauce

材料

奶油 … 20克

芥末籽（mustard seed）
　… 10克

白酒 … 150毫升

魚高湯 … 200毫升

鮮奶油 … 120毫升

鹽、胡椒 … 適量

作法

1. 芥末籽使用前先泡水。

2. 熱鍋，放入奶油融化後，加入芥末籽稍炒，倒入白酒和魚高湯煮約5分鐘。

3. 加入鮮奶油，最後以鹽和胡椒調味。

Mustard seeds 芥末籽

有三種顏色，黑、褐和最常見的黃色品種，市面上可買到乾製、碎粒、粉末和濕潤狀的各種包裝，和它的植株一樣，芥末籽也帶有辛辣味。

鯷魚奶油醬汁
Anchovy Cream Sauce

材料

奶油 ⋯ 20 毫升
洋蔥碎 ⋯ 30 克
大蒜碎 ⋯ 5 克
鯷魚 ⋯ 15 克
白酒 ⋯ 80 克
魚高湯 ⋯ 250 毫升
鮮奶油 ⋯ 150 毫升
鹽、胡椒 ⋯ 適量

作法

1. 熱鍋，放入奶油融化，炒香洋蔥碎、大蒜碎
   和鯷魚。

2. 加入白酒、魚高湯濃縮至一半後過濾。

3. 加入鮮奶油並以打蛋器攪拌均勻。

4. 以鹽和胡椒調味。

Anchovy 鯷魚

源自於地中海及南歐沿海的鯡魚
屬之一，有著長鼻大嘴及藍綠外
皮，腹部及兩旁則呈銀白色，魚身
長約10~22公分，通常以醃漬或
鹽漬販賣。

茵陳蒿醬汁
Tarragon Sauce

材料

白酒奶油醬汁 … 250毫升
　（見34頁）
茵陳蒿切碎 … 3克

作法

1. 將白酒奶油醬汁放入鍋
　 中煮滾。

2. 再加入茵陳蒿碎。

Tarragon 茵陳蒿

原產於西伯利亞的一種香料
草，具窄細、尖端、暗綠葉片、
黑色小花朵等特質，風味強烈
似大茴香及隱約的鼠尾草芳
香，有新鮮及乾燥兩種。

奶油乳酪醬汁
Mornay Sauce

材料

白酒奶油醬汁 … 250毫升
　（見34頁）
葛利亞乳酪（Gruyère）磨碎
　… 50克

作法

1. 將白酒奶油醬汁加熱至滾。

2. 放入乳酪，煮約5分鐘。

P.S.

適用於白肉或海鮮，且須焗烤上色。

蒔蘿奶油醬汁
Dill Cream Sauce

材料

白酒奶油醬汁 … 180毫升（見34頁）

新鮮蒔蘿碎 … 3克

鹽、胡椒 … 適量

作法

1. 將白酒奶油醬汁加熱至滾，
   放入新鮮蒔蘿碎。

2. 再以鹽和胡椒調味。

綠胡椒奶油醬汁
Green Pepper Corn Cream Sauce

材料

奶油 … 20毫升	白酒 … 50毫升
洋蔥碎 … 30克	白色魚高湯 … 200毫升
綠胡椒粒 … 10克	鮮奶油 … 150毫升
法國第戎（Dijon） 　芥末醬 … 15毫升	鹽和胡椒 … 適量

作法

1. 熱鍋，放入奶油使其融化，炒香洋蔥碎、綠胡椒
   粒（壓碎），加入芥末醬、白酒濃縮，再放入魚
   高湯煮滾並過濾。

2. 濃縮至一半後，以打蛋器拌入鮮奶油。

3. 以鹽和胡椒調味。

Peppercorn, Green 綠胡椒粒

將未成熟的胡椒粒冷凍風乾，或置於鹽水或醋中醃
漬，其質地柔軟帶新鮮及酸味，類似酸豆的風味。

洋蔥奶油醬汁
Onion Cream Sauce

材料

奶油 … 20毫升
洋蔥碎 … 120克
月桂葉 … 1片
雞高湯 … 200毫升
鮮奶油 … 120毫升
鹽、胡椒 … 適量

作法

1. 熱鍋，融化奶油，拌炒洋蔥碎和月桂葉約3分鐘。

2. 加入雞高湯，濃縮至一半的量。

3. 打入鮮奶油，以適量的鹽和胡椒調味。

Bay leaf 月桂葉

月桂樹的葉子，特色是味道芳香，能襯托出食物本身的品道，是一種用途很廣的香料，可用於蔬菜、魚、肉、雞、鴨…等。特別要注意月桂葉的香味不可烹煮太久，煮愈久味道會有苦味，而失去原有的香味，所以烹調時煮出味道應立即取出最好。

Basic Tomato Sauces

基本番茄醬汁

番茄醬汁是用新鮮番茄和調味蔬菜及褐色高湯所調製而成的，番茄醬汁是較為獨特的一種，雖然都是使用番茄來製作，但若是只用新鮮番茄作出的醬汁，茄紅素經加熱後會褪色顏色呈橘黃色、且味道較不明顯，所以為了顏色及酸度的要求，都會加入番茄糊 Tomato paste 或是整顆去皮番茄 Tomato whole 或是番茄泥 Tomato pureé，以增加紅色的色澤。

番茄醬汁在使用上可用於肉類、海鮮或是蔬菜均可，如辣味番茄醬汁 Spicy Tomato Sauce 就是一種可用於牛排、羊排、海鮮…等多用途的醬汁，也可用於蔬菜或義大利麵，等麵食類。

煙薰番茄醬汁

Smoked Roasted Tomato Sauce

材料

橄欖油 … 30毫升

大蒜碎 … 15克

牛番茄 … 500克

洋蔥細丁 … 120克

胡蘿蔔細丁 … 120克

西芹細丁 … 60克

羅勒碎 … 1大匙

奧力岡 … 1/2小匙

鹽、胡椒 … 適量

作法

1. 將牛番茄對半，用糖（份量外）煙薰後，去皮切丁備用。

2. 熱鍋，用橄欖油將大蒜碎、番茄丁、洋蔥細丁、西芹細丁、胡蘿蔔細丁、羅勒碎、奧力岡炒勻炒香，煮約20分鐘即可。

Tomato Paste 番茄糊

已將番茄去皮、籽,加入香料、調
味後製成的濃縮醬,可為湯品增加
濃郁的番茄香,及漂亮的色澤。

番茄醬汁
Tomato Sauce

材料

橄欖油 … 30毫升

培根切碎 … 80克

洋蔥碎 … 150克

胡蘿蔔碎 … 120克

西芹碎 … 180克

青蒜碎 … 50克

番茄糊（tomato paste）… 30毫升

番茄泥（tomato purée）… 250毫升

新鮮番茄丁 … 200克

褐色牛高湯 … 800毫升

奧力岡（oregano）… 1小匙

糖 … 10克

作法

1. 熱鍋，以橄欖油炒香培根碎和洋蔥碎。

2. 接著加入胡蘿蔔碎、青蒜苗碎和西芹碎繼續拌炒。

3. 放入番茄糊、番茄泥和新鮮番茄丁，炒約10分鐘。

4. 再加入奧力岡和褐色牛高湯，煮約半小時。

5. 最後加入糖即可。

使用番茄醬汁

燜煮小牛膝

Braised Veal Shank in Tomato Sauce with Pilaf

材料

牛膝　2隻
鹽和白胡椒粉　適量
澄清奶油　20毫升
　（見58頁）
洋蔥碎　50克
大蒜碎　10克
月桂葉　2片
胡蘿蔔碎　30克
西芹碎　30克
青蒜　30克
番茄丁　50克
番茄糊　120毫升
白葡萄酒　80毫升

褐色高湯　1公升
鹽和白胡椒粉　適量

奶油飯

奶油　50毫升
洋蔥碎　50克
米　350克
月桂葉　1片
雞高湯　300毫升
鹽和白胡椒粉

番茄醬汁　適量
柳橙皮碎　1/2茶匙

作法

1. 將小牛膝用鹽、白胡椒粉醃漬，起鍋用澄清奶油煎上色後備用。

2. 另起大湯鍋，炒香洋蔥碎、大蒜碎、月桂葉，再放入其他蔬菜、番茄丁、糊、煎好的牛膝，倒入白葡萄酒燒乾，加入褐色高湯後蓋上鍋蓋，放入180℃烤箱烤1小時以鹽和胡椒調味。

3. 熱鍋放入奶油、洋蔥碎、米、月桂葉炒香，加入雞高湯拌炒至雞高湯收汁，蓋上鋁箔紙放入180℃的烤箱，烤20分鐘成奶油飯。

4. 將燉好的牛膝配上奶油飯，和番茄醬汁撒上柳橙皮碎裝飾即可。

辣味番茄糖漿
Spicy Tomato Syrup

材料

牛番茄 … 150 克
糖 … 120 克
鹽 … 3 克
胡椒 … 1/2 小匙
羅勒 … 3 克

大蒜 … 5 克
番茄汁 … 150 毫升
辣椒水（Tabasco）
… 5 毫升

作法

將所有材料放在醬汁鍋中，煮約 20 分鐘即可。

Tabasco 辣椒水
以塔巴斯哥辣椒泥與鹽及醋在桶中發酵三年製成。塔巴斯哥辣椒，小型，一端延伸縮小的辣椒，果皮橙紅色，果肉薄、味道辣帶芹菜與洋蔥風味的後韻，以墨西哥洲 Tabasco 鎮命名。

橄欖油番茄乾醬汁
Sun-Dried Tomato and Olive Oil Sauce

材料

橄欖油 … 60 毫升
紅蔥頭碎 … 30 克
大蒜碎 … 15 克
番茄乾 … 30 克
白酒 … 80 毫升

雞高湯 … 150 毫升
羅勒碎 … 5 克
檸檬汁 … 10 毫升
鹽、胡椒 … 適量

作法

1. 熱鍋，以橄欖油炒香紅蔥頭碎、大蒜碎和番茄乾碎。

2. 放入白葡萄酒、雞高湯煮約半小時。

3. 加入羅勒碎和檸檬汁。

4. 以適量的鹽、胡椒調味。

Sun-Dried Tomato 番茄乾
利用自然陽光或是人工方法所烘乾的番茄，相當有嚼勁、味道甜且濃郁，使用前必須先浸泡在水或是油中。可使用在醬汁、湯、三明治和沙拉。

番茄醬
Tomato Catsup

材料

蔬菜油 … 60毫升
洋蔥碎 … 120克
紅甜椒丁 … 30克
青椒丁 … 30克
大蒜碎 … 1小匙
眾香子粉（allspice）… 1小匙
咖哩粉 … 1小匙
新鮮番茄丁 … 5顆
白酒醋 … 30毫升
檸檬汁 … 30毫升
鹽、胡椒 … 適量

作法

1. 熱鍋，以蔬菜油爆香洋蔥碎。

2. 再放入紅甜椒丁、青椒丁、大蒜碎、眾香子粉、咖哩粉炒香。

3. 放入番茄丁、白酒醋和檸檬汁煮約半小時，用果汁機打勻，以適量的鹽和胡椒調味。

Allspice 眾香子粉
原產於西半球的熱帶地區，有皮質葉白花及用來當香料的小褐漿果，漿果磨粉後會有類似肉桂、丁香、豆蔻、薑及胡椒的風味，因此命名。

番茄油
Tomato Oil

材料

番茄 … 2 顆

橄欖油 … 60毫升法國第戎（Dijon）

芥末醬 … 5毫升

作法

1. 用果汁機將番茄打成汁，過濾。

2. 將番茄汁與橄欖油、芥末醬混合即可。

杏仁蜂蜜番茄醬
Honey Tomato Almond Chutney

材料

橄欖油 … 20毫升	蜂蜜 … 120毫升
大蒜碎 … 30克	辣椒粉 … 1/3小匙
薑碎 … 30克	葡萄乾 … 50克
番茄去皮去籽切丁 … 500克	杏仁片烤過 … 50克
白酒醋 … 120毫升	

作法

1. 熱鍋，以橄欖油炒香大蒜碎、薑碎，加入番茄丁並拌炒均勻。

2. 倒入白酒醋、蜂蜜和辣椒粉，煮約20分鐘。

3. 最後加入葡萄乾和烤過的杏仁。

番茄庫利
Tomato Coulis

材料

番茄 … 2顆

薑 … 5克

醋 … 15毫升

水 … 240毫升

羅勒切碎 … 5克

檸檬汁 … 5毫升

蜂蜜 … 10毫升

作法

1. 將所有材料放入鍋中，煮約20分鐘。

2. 用果汁機將材料打勻過濾即可。

Cider Vinegar 蘋果醋

純蘋果醋經發酵成淡酒再暴露於空氣中，色澤澄清，呈淡褐色且帶強烈刺鼻風味。

番茄沙沙醬
Tomato Salsa

材料

番茄去籽去皮切丁
　… 300 克
大蒜碎 … 10 克
洋蔥碎 … 50 克
辣椒碎 … 10 克

香菜碎 … 5 克
檸檬汁 … 20 毫升
檸檬皮碎 … 1/2 顆
鹽、胡椒 … 適量

作法

將所有材料放入鋼盆中混合即可。

酸甜番茄醬汁
Sweet and Sour Tomato Sauce

材料

糖 … 100 克
水 … 3 大匙
柳橙汁 … 150 毫升
迷迭香 … 1/2 小匙
大蒜 … 5 克

番茄丁 … 300 克
辣椒水（Tabasco）
　… 5 毫升

作法

1. 將糖和水煮滾後，放入柳橙汁、迷迭香和大蒜
　煮約 10 分鐘。

2. 再放入番茄丁，稍煮。

3. 放入果汁機打成泥，加入少許的辣椒水即可。

53

Basic Butter Sauces

基本奶油醬汁

奶油醬汁最主要是以奶油和白色高湯調製而成，在烹調過程中最需要注意的是油和高湯的比例要正確，如檸檬奶油醬汁，其中油和高湯的比例要均勻，才不會產生油水分離！

基本奶油醬汁是用途較廣泛的一種醬汁，奶油醬汁調製時間短，所以通常都不適合隔夜使用，因為冷卻以後再加熱，會使奶油與高湯分離，而無法再使用。奶油醬汁也可以和酸性食材結合，如荷蘭醬 Hollandaise Sauce 就是用醋、香料和澄清奶油及蛋黃調製而成，荷蘭醬的用途很廣，可用在蔬菜、肉類海鮮、蛋…等，通常只能現做現用，無法保存。

奶油醬汁可和香料結合成為香料奶油，可用於原味碳烤肉類，奶油也可以和龍蝦殼或是蝦殼熬煮成具有濃郁龍蝦風味的油，這樣的龍蝦油可以用來炒菜或炒麵，都能增強滋味。奶油也可以和香料、甜椒粉、白蘭地酒，調製成法式烤田螺的奶油。可見奶油醬汁用途之廣，搭配的食材也非常豐富。

綜合奶油
Compound Butter

材料

奶油（軟化）… 250克
百里香碎 … 1小匙
匈牙利紅椒粉 … 1小匙
巴西利碎 … 5克
白蘭地 … 10毫升
鹽、胡椒 … 適量

作法

1. 將奶油軟化，並與百里香、匈牙利紅椒粉、巴西利碎混合均勻。

2. 以鹽和胡椒調味，再加入些許白蘭地調香。

3. 將保鮮膜平鋪於桌面上，將奶油抹在保鮮膜上並滾成圓筒狀，放入冰箱冰硬後取出切成適當大小。

巴西利 Parsley

有特殊的芳香成分，可分為兩種品種，一種為平葉長得像芹菜葉，又稱香芹，另一種為捲葉，通常可來裝飾用，亦可切細碎後撒在湯上或料理上作為裝飾。

荷蘭醬
Hollandaise Sauce

材料

紅蔥頭碎 … 25克

白酒醋 … 30毫升

水 … 60毫升

白酒 … 30毫升

黑胡椒粒壓碎 … 5克

乾燥茵陳蒿（tarragon）… 1小匙

月桂葉 … 1片

蛋黃 … 2顆

澄清奶油 … 200毫升（見58頁）

檸檬汁 … 10毫升

鹽 … 適量

作法

1. 將紅蔥頭碎、白酒醋、水、白酒、黑胡椒碎、乾燥茵陳蒿、月桂葉放
   在一只鍋中加熱，待其味道釋出，過濾並冷卻備用。

2. 將煮好的香料醋汁放在鋼盆中，加入蛋黃並隔水加熱。

3. 將蛋黃打至發泡呈綿密狀。將鋼盆移開，慢慢加入澄清奶油並一邊
   攪打成稠狀。

4. 以檸檬汁和鹽調味即可。

大蒜奶油
Garlic Butter

材料

奶油 … 150 毫升
大蒜片 … 30 克
鹽 … 適量

作法

1. 先將奶油加熱融化，待冷卻後取上層的澄清奶油（clarified butter）使用。

2. 以澄清奶油以慢火炒香大蒜片，以鹽調味即可。

請注意蒜片不可煎焦。

P.S.

適用於煎好的牛排、豬排、海鮮 … 等醬汁。

Clarified butter 澄清奶油

澄清奶油的發煙點高達252℃，適合拿來應用於煎、炒等高溫料理，將奶油加熱至融化後，持續加熱至水分散失並產生氣泡，以細網過濾掉泡沫（乳固形物）及沈澱在下方的雜質，就可成為澄清奶油。

使用大蒜奶油

蒜味奶油煎豬排

Pan Fried Pork Loin with Braised Red Cabbage, Mashed Potato and Garlic Butter

材料

豬大里脊肉　150克
白葡萄酒　15毫升
鹽和白胡椒粉　適量（醃漬用）
澄清奶油　20毫升（見58頁）

糖　30克
鹽和白胡椒粉　適量

馬鈴薯泥

煮熟的馬鈴薯　150克
蛋黃　1個
鮮奶油　60毫升
奶油　20毫升
豆蔻粉　1/4茶匙
鹽和白胡椒粉　適量

大蒜奶油　適量

燜紫高麗菜

奶油　30毫升
洋蔥絲　60克
月桂葉　1片
紫高麗菜絲　350克
紅酒醋　35毫升
蘋果片　100克

作法

1. 燜紫高麗菜：起鍋放入奶油，加入洋蔥絲、月桂葉炒香再放紫高麗菜絲、紅酒醋炒軟後放蘋果片，放入180℃烤箱烤至看不見蘋果片，取出再加入糖及鹽、白胡椒粉調味即可。

2. 馬鈴薯泥：馬鈴薯煮熟後打成泥，加入蛋黃、鮮奶油、奶油、豆蔻及鹽和白胡椒粉調味備用。

3. 將豬里脊肉用白葡萄酒、鹽和白胡椒粉醃漬，用澄清奶油大火煎上色，再放入150℃烤箱烤熟，附上燜紫高麗、馬鈴薯泥及奶油蒜片上桌。

龍蝦奶油
Lobster Butter

材料

剝下肉的龍蝦殼 ⋯ 1隻

奶油 ⋯ 300毫升

紅蔥頭 ⋯ 15克

白蘭地 ⋯ 15毫升

月桂葉 ⋯ 1片

匈牙利紅椒粉 ⋯ 1小匙

作法

1. 將龍蝦殼切成大塊烤成金黃色。

2. 再將少許的奶油放入與紅蔥頭爆香，再放入龍蝦殼炒香，並倒入白蘭地焰燒。

3. 再放入月桂葉、匈牙利紅椒粉和剩下的奶油一起共煮20分鐘。

4. 將油過濾即可。

Paprika 匈牙利紅椒粉

紅皮辣椒乾製成，其風味從微甜而溫和，到強烈中等辣味；顏色從亮紅橙色到深血紅色都有，適用於中歐及西班牙菜餚，作為香料及盤飾使用。

檸檬奶油醬汁
Lemon Butter Sauce

材料

魚高湯 … 300毫升
奶油 … 150毫升
檸檬汁 … 10毫升
鹽 … 適量

作法

1. 將魚高湯濃縮到一半分量。

2. 再用打蛋器將奶油慢慢打入魚高湯中，使之乳化、稠化。

3. 以檸檬汁和鹽調味。

佰西奶油
Bercy Butter

材料

白酒 … 150毫升
紅蔥頭碎 … 15克
奶油（軟化）… 200毫升
巴西利 … 5克
檸檬汁 … 10毫升
鹽、胡椒 … 適量

作法

1. 將白酒和紅蔥頭加熱濃縮後，打入軟化的奶油，加入巴西利碎和檸檬汁。

2. 以適量的鹽和胡椒調味。

榛果百里香奶油

Hazelnut Thyme Butter Sauce

材料

奶油 … 30毫升

紅蔥頭碎 … 15克

白酒醋 … 30毫升

黑胡椒粒壓碎 … 3顆

白酒 … 120毫升

榛果烤過切碎 … 120克

鮮奶油 … 120毫升

百里香切碎 … 1小匙

奶油 … 180克

檸檬汁 … 5毫升

鹽、胡椒 … 適量

作法

1. 熱鍋，放入奶油融化，炒香紅蔥頭。

2. 再加入白酒醋、胡椒粒、白酒和榛果碎炒勻。

3. 再倒入鮮奶油、百里香碎、奶油和檸檬汁打勻。

4. 以鹽和胡椒調味。

Hazelnut 榛果

產於美國北方榛果樹的堅果仁，狀如平滑的褐色彈珠，果仁有著馥郁、微甜、特殊的風味，去除苦褐皮後用於不同的菜餚，特別是烘焙及甜點，與巧克力及咖啡口味非常適合。

伯那西醬汁
Béarnaise Sauce

材料

紅蔥頭碎 … 15克	白酒 … 30毫升
黑胡椒壓碎 … 5克	水 … 60毫升
乾燥茵陳蒿	蛋黃 … 2顆
(tarragon) … 1大匙	澄清奶油 … 240毫升
茵陳蒿醋 … 60毫升	乾燥茵陳蒿碎 … 1小匙

作法

1. 將紅蔥頭碎、黑胡椒碎、乾燥茵陳蒿、茵陳蒿醋、白酒和水煮成香料醋汁。

2. 將煮好的香料醋汁放在鋼盆中，加入蛋黃並隔水加熱。將蛋黃打至發泡呈綿密狀。

3. 將鋼盆移開，慢慢加入澄清奶油並拌打成稠狀。

4. 最後放入茵陳蒿碎即可。

香橙奶油
Orange Butter

材料

柳橙汁 … 300毫升
奶油 … 100毫升
檸檬汁 … 5毫升
鹽 … 適量

作法

1. 將柳橙汁濃縮成一半的量，並將奶油慢慢打入，使其乳化呈稠狀。

2. 再加入檸檬汁和鹽調味即可。

香料奶油
Herbs Butter

材料

奶油（軟化）… 150克

巴西利碎 … 1小匙

百里香碎 … 1小匙

檸檬汁 … 1小匙

辣醬油（Worcestershire sauce）
    … 1小匙

鹽、胡椒 … 適量

作法

將奶油放在鋼盆中軟化成膏狀，
並與其他材料混合均勻即可。

葡萄柚醬汁
Grapefruit Butter Sauce

材料

葡萄柚汁 … 300毫升

奶油 … 150毫升

檸檬汁 … 5毫升

鹽 … 適量

作法

1. 將葡萄柚汁濃縮成一半的量,並將奶油慢慢打入,使其乳化呈稠狀。

2. 再加入檸檬汁和鹽調味即可。

辣根醬奶油
Horseradish Butter

材料

辣根醬(horseradish)… 20克

白酒醋 … 5毫升

奶油(軟化)… 200克

鮮奶油 … 30毫升

鹽、胡椒 … 適量

作法

將所有材料混合均勻即可。

Special Sauces

特殊醬汁

特殊醬汁是較不受分類影響、且較傳統，或是區域性的醬汁。所以使用時也有明確的搭配與限制。

如沙嗲醬汁 Satay Sauce 通常用於沙嗲串，烤肉醬 Barbecue Sauce 用途則偏於碳烤方面的料理，綠蓉醬 Pesto 是義大利料理使用，印度坦都里醬 Tandoori Sauce 專用於印度菜，沙沙醬汁 Salsa 則是墨西哥獨有。所以特別醬汁要針對喜好或指定的料理來選擇使用。

現在有些做法是將蔬果打成汁、過濾後再濃縮成為醬汁，也可做為素食用醬汁。

芒果酸甜醬
Mango Chutney

材料

奶油 … 30克

大蒜碎 … 10克

蔥白 … 25克

辣椒碎 … 1顆

薑碎 … 15克

芒果丁 … 400克

黑糖 … 75克

白酒醋 … 120毫升

葡萄乾 … 35克

杏仁條 … 35克

鹽、胡椒 … 適量

作法

1. 用奶油炒香大蒜碎、蔥白、辣椒
   碎和薑碎。

2. 加入芒果炒軟後加入黑糖、醋、
   葡萄乾和杏仁條,並煮至軟爛。

3. 以適量的鹽和胡椒調味即可。

綠蓉醬

Pesto

材料

九層塔葉 … 30克

帕馬森起司 (Parmesan
　　Cheese) … 60克

大蒜 … 10克

松子 (烤過) … 30克

橄欖油 … 120毫升

鹽、胡椒 … 適量

作法

1. 九層塔葉洗淨並擦乾。

2. 將九層塔葉、帕馬森起司、大蒜和松子放入果汁機中加入橄欖油打成泥狀。

3. 以適量的鹽和胡椒調味即可。

Parmesan Cheese 帕馬森起司

帕馬森起司又被稱為為起司之王，以牛乳製成，至少要存放12個月的硬質起司，依出產地區義大利艾米利亞 - 羅馬涅的帕馬以及艾米利亞命名，受到原產地保護認證 (DOP)，其他地方所出產的不能叫做帕馬森起司。

使用綠蓉醬

蜜李鴨肉捲
Roasted Duck Roulades with Plum and Pesto

材料
鴨胸肉　1塊
紅葡萄酒　15毫升
鹽和白胡椒粉　適量（醃漬用）
蜜李　50克（填餡用）
澄清奶油　20毫升（見58頁）

綠蓉醬　適量

作法
1. 將鴨胸從中間對半片開，用紅酒、鹽和白胡椒醃漬，將蜜李包進去捲成圓柱狀，綁綿線再用澄清奶油煎上色。

2. 放入烤箱以180°C烤到熟，取出切厚片附上綠蓉醬和少許蘋果丁（份量外）即可。

核桃醬
Walnut Relish

材料

核桃去皮切碎 … 25克

橄欖油 … 45毫升

紅蔥頭碎 … 15克

芥末籽壓碎 … 10克

花生油 … 30g

白酒醋 … 15毫升

鹽、胡椒 … 適量

作法

1. 用150℃烤箱將核桃烤香，冷卻後切碎備用。

2. 以橄欖油炒香紅蔥頭碎和芥末籽。

3. 將核桃碎、花生油和白酒醋放入鍋中拌勻，以適量的鹽和胡椒調味即可。

檸檬蜜醬

Lemon Relish

材料

檸檬果肉 … 200克

糖 … 90克

檸檬汁 … 60毫升

檸檬皮碎 … 1顆

鹽、胡椒 … 適量

作法

1. 以小火將檸檬果肉、糖、檸檬汁敖煮至香味釋出。

2. 加入檸檬皮碎略煮一下。

3. 用鹽和胡椒調味即可。

辛香薑醬

Ginger and Herb Relish

材料

橄欖油 … 45毫升

月桂葉 … 2片

新鮮薑碎 … 150克

酸模葉 … 5片

菠菜葉 … 200克

白色雞高湯 … 100毫升

鹽、胡椒 … 適量

作法

1. 以橄欖油炒香月桂葉、薑碎、酸模葉、菠菜葉。

2. 加入白色雞高湯並以小火慢熬，煮至軟爛後放入果汁機中打成泥。

3. 放回火爐上煮滾，以適量的鹽和胡椒調味即可。

中式烤肉醬
Asian Style Barbecue Sauce

材料

蔥 … 30克

薑 … 10克

大蒜 … 15克

海鮮醬 … 60克

醬油 … 50毫升

番茄醬 … 120毫升

蘋果醬 … 30毫升

芝麻油 … 15毫升

蜂蜜 … 30毫升

糖 … 40克

雪莉酒 … 30毫升

鹽、胡椒 … 適量

作法

1. 將薑、蔥、蒜切碎放入鋼盆中。

2. 加入其他材料拌勻即可。

P.S.

此醬汁拌勻後放入冰箱2小時後再使用，風味最佳。

使用中式烤肉醬

亞洲風味烤豬肋排

Roasted Pork Spare Rib with Asian-Style B.B.Q Sauce with New Potato

材料

豬肋排　1公斤	青蒜丁　50克
白葡萄酒　30毫升	月桂葉　1片
鹽和白胡椒粉　適量	黑胡椒粒　10克
洋蔥丁　80克	
胡蘿蔔丁　80克	中式烤肉醬　120克
西芹丁　70克	

作法

1. 將豬肋排用白葡萄酒、鹽和白胡椒粉醃漬後，以深鍋加入調味蔬菜（洋蔥、紅蘿蔔、西芹、青蒜丁），再放月桂葉、黑胡椒粒及雞高湯，加入豬肋排煮45分鐘～1小時煮熟取出。

2. 將煮熟的肋排用180°C烤箱先烤乾表面後，刷上中式烤肉醬，烤約20分鐘即可，邊烤邊刷醬汁。

蘋果葡萄乾酸甜醬
Apple-Raisin Chutney

材料

橄欖油 … 40克

洋蔥丁 … 45克

大蒜碎 … 15克

薑碎 … 15克

辣椒 … 10克

蘋果丁 … 350克

黑糖 … 45克

肉豆蔻粉（nutmeg）
　　… 1/2小匙

葡萄乾 … 50克

蘋果西打 … 30毫升

檸檬汁 … 1顆

烤過的核桃 … 30克

檸檬皮碎 … 1小匙

鹽、胡椒 … 適量

作法

1. 以橄欖油爆香洋蔥丁、大蒜碎、薑碎、辣椒碎。

2. 放入蘋果丁、黑糖、肉豆蔻粉和葡萄乾炒香。

3. 倒入蘋果西打和檸檬汁敖煮至濃稠狀。

4. 加入烤過的核桃和檸檬皮碎並以鹽、胡椒調味
   即可。

使用龍蝦沙巴雍

龍蝦沙巴雍

Steamed lobster with orange sabayon

材料

龍蝦　半隻
檸檬汁　10毫升
鹽、胡椒粉　適量

裝飾

松子碎　15克
柳橙　1/2個

柳橙沙巴雍

龍蝦奶油　50毫升
　（見60頁）
蛋黃　2個
柳橙汁　160毫升
檸檬汁　5毫升
鹽、胡椒粉　適量

作法

柳橙沙巴雍

1. 參考左頁作法，白酒改為新鮮柳橙汁。濃縮一半後使用。

烤龍蝦

2. 將龍蝦去除腸泥，對半切，用檸檬汁、鹽、胡椒粉醃漬。

3. 放入烤箱烤180℃15分鐘，然後淋上沙巴雍焗烤上色，撒上松子碎，附上半個柳橙即可。

木瓜醬
Papaya Catsup

材料

紅椒 … 1/2 顆

青椒 … 1/2 顆

蔬菜油 … 60 毫升

洋蔥丁 … 80 克

木瓜丁 … 1 顆

大蒜碎 … 5 克

眾香籽粉（allspice）… 1 小匙

咖哩粉 … 1 小匙

孜然粉（cumin）… 1 小匙

白醋 … 30 毫升

鳳梨汁 … 120 毫升

檸檬汁 … 1/2 顆

蜂蜜 … 15 克

鹽、胡椒 … 適量

作法

1. 將紅椒和青椒放到爐上燒並去皮，切丁備用。

2. 以蔬菜油炒香洋蔥丁、木瓜丁、大蒜碎、眾香籽粉、咖哩粉、孜然粉和甜椒、青椒丁。

3. 加入白酒醋、鳳梨汁和檸檬汁，煮至軟爛後放入果汁機打成泥。

4. 放回鍋中再加熱，待醬汁濃稠後拌入蜂蜜。

5. 以適量的鹽和胡椒調味。

Cumin 孜然

香芹科的一種乾果實（種籽）香料，原產於中東及北非地帶。半月形小種籽帶有強烈的土味、堅果味及香氣，有整粒或磨成三種顏色粉末（琥珀、白及黑）可選擇，適用於印度、中東及墨西哥菜餚。

使用木瓜醬

碳烤丁骨豬排附北非米

Grilled Pork Chop with Couscous and Papaya Catsup

材料

丁骨豬排　220克
白葡萄酒　20毫升
鹽和白胡椒粉　適量
　（醃漬用）
澄清奶油　20毫升
　（見58頁）

奶油　20毫升
北非米　120克
雞高湯　120毫升
鮮奶油　60毫升
鹽和白胡椒粉　適量

木瓜醬　適量

作法

1. 將丁骨豬排用白葡萄酒、鹽和白胡椒粉醃漬，用澄清奶油大火煎上色，再放入180℃烤箱烤8分鐘即可。

2. 另起鍋放入奶油及北非米、雞高湯煮至熟，再用鮮奶油，鹽、白胡椒粉調味備用。

3. 將烤好的丁骨豬排擺盤，配上北非米及木瓜醬即可上桌。

印度坦都里醬
Tandoori Sauce

材料
藍紋乳酪 (blue cheese) ⋯ 10克
原味優格 ⋯ 100毫升
薑碎 ⋯ 20克
大蒜碎 ⋯ 20克
小豆蔻籽 (cardamom seeds)
　⋯ 1小匙
肉豆蔻粉 (nutmeg) ⋯ 1/2小匙
香菜碎 ⋯ 5克
辣椒碎 ⋯ 5克
鮮奶油 ⋯ 100毫升
鹽、胡椒 ⋯ 適量

作法
1. 將優格和藍紋乳酪混合均勻。

2. 加入薑碎、大蒜碎、小豆蔻籽、香菜碎、肉豆蔻粉、辣椒碎拌勻。

3. 用鮮奶油調整濃稠度後，加入適量的鹽和胡椒調味即可。

Cardamom 小豆蔻
薑科植物的一種，有著長、淡綠或淡褐色含一籽的豆莢，其籽具強烈、檸檬風味帶樟腦氣之愉悦刺激芳香。市場上有豆莢、整顆籽或粉末可購得，主要使用於印度及中東菜餚。

咖哩醬
Curry Sauce

材料

橄欖油 … 50毫升

檸檬葉 … 2片

月桂葉 … 1片

咖哩粉 … 15克

黃咖哩糊（yellow curry paste）… 1/2小匙

蔥碎 … 50克

蘋果丁 … 1顆

椰漿 … 400毫升

鹽、胡椒 … 適量

作法

1. 以橄欖油炒香檸檬葉、月桂葉、咖哩粉、黃咖哩糊、蔥碎。

2. 加入蘋果丁稍微炒香並加入椰漿，敖煮至濃稠。

3. 以適量的鹽和胡椒調味即可。

Yellow Curry Paste 黃咖哩糊

印度精煉奶油、咖哩粉、醋及其他香料混合製成。

義大利甜醋濃縮汁
Balsamic Reduction

材料
薑片 … 2片
義大利甜醋 … 250毫升
蜂蜜 … 80毫升

作法
將義大利甜醋、蜂蜜和薑片放在一
只鍋中,小火濃縮到濃稠即可。

使用義大利甜醋濃縮汁

烤羊肉附燉煮蔬菜

Roasted Lamb Loin with Ratatouille Saffron Potato and Balsamic Reducing

材料

羊里脊肉　120克
鹽和白胡椒粉　適量
　（醃漬用）
澄清奶油　30克
　（見58頁）

燉蔬菜

橄欖油　30毫升
洋蔥丁　80克
番茄丁　50克

櫛瓜丁　50克
紅甜椒丁　50克
黃甜椒丁　50克
茄子丁　50克
巴西利碎　5克
鹽和白胡椒粉　適量

義大利甜醋濃縮汁　適量

作法

1. 將羊腿用鹽、白胡椒粉醃漬，用澄清奶油大火上色，放180℃烤箱烤約15～20分鐘後靜置。

2. 用另一鍋子，用橄欖油先炒香洋蔥丁再加入所有的蔬菜丁炒熟，調味。

3. 羊腿切片，搭配燉蔬菜淋上義大利甜醋濃縮汁即可上桌。

腰果香菜醬

Coriander and Cashew nut Chutney

材料

辣椒碎 … 10克

孜然粉（cumin）… 1/3小匙

原味優格 … 120毫升

洋蔥碎 … 80克

香菜碎 … 10克

烤過的腰果 … 120克

檸檬汁 … 20毫升

鹽、胡椒 … 適量

作法

1. 將辣椒碎、孜然粉、優格、洋蔥碎、香菜碎混合均勻。

2. 加入腰果碎和檸檬汁。

3. 以適量的鹽和胡椒調味即可。

蘆筍泡沫
Asparagus Mousse Line

材料

奶油… 20毫升

洋蔥碎… 50克

蘆筍切丁… 250克

白酒… 50毫升

雞高湯… 350毫升

鮮奶油… 120毫升

鹽、胡椒… 適量

作法

1. 用奶油炒香洋蔥碎和蘆筍丁。

2. 加入白酒稍微煮去除酒味和酸味，再加入雞高湯和鮮奶油。

3. 以小火慢煮至蘆筍軟化。

4. 用果汁機將3打成泥後過篩。

5. 以鹽、胡椒調味後將蘆筍泥放入氮氣瓶中，使用時擠出成泡沫。

南瓜泡沫
Pumpkin Mousse Line

材料

奶油 ⋯ 20毫升
洋蔥碎 ⋯ 50克
南瓜切丁 ⋯ 250克
雞高湯 ⋯ 350毫升
鮮奶油 ⋯ 120毫升
鹽、胡椒 ⋯ 適量

作法

1. 用奶油炒香洋蔥碎和南瓜丁。

2. 加入雞高湯並濃縮,再加入鮮奶油。

3. 以小火慢煮至南瓜軟化。

4. 用果汁機將南瓜打泥,調味後再煮沸一次。

5. 將南瓜泥放入氮氣瓶中,使用時擠出成泡沫。

使用南瓜泡沫

煎明蝦附南瓜泡沫

King prawn with pumpkin mousseline and mashed eggplant

材料

明蝦　3尾
白葡萄酒　20毫升
鹽、胡椒粉　適量
澄清奶油　20毫升
　（見58頁）

櫛瓜茄子泥

橄欖油　30毫升
大蒜碎　30克
洋蔥碎　50克
茄子丁　150克
鰻魚　15克
鹽、胡椒粉　適量
帶花的小櫛瓜　3朵

南瓜泡沫　適量

作法

1. 熱明蝦：將明蝦用白葡萄酒以鹽、胡椒粉醃漬。

2. 熱鍋用澄清奶油炒大蒜碎，再放入醃好的明蝦大火乾煎，約1分鐘後嗆入白葡萄酒乾燒。

3. 櫛瓜茄子泥：用一個醬汁鍋加入橄欖油，炒香大蒜碎、洋蔥碎。

4. 再放入茄子丁、鰻魚、一點高湯（份量外）。煮透後，用果汁機打成泥。

5. 倒回鍋中加入胡椒粉調味，塗在切半煮熟的帶花小櫛瓜上。

6. 用明火烤箱烤上色即可。

7. 盤中放入帶花小櫛瓜，再放上燒好的明蝦、擠上南瓜泡沫。

美式烤肉醬
Cajun Barbecue Sauce

材料

奶油 … 50克
洋蔥碎 … 150克
大蒜碎 … 20克
辣椒粉 … 15克
匈牙利紅椒粉（paprika）
　… 15克
黑啤酒 … 240毫升
辣醬油（Worcestershire
　sauce）… 50毫升
番茄醬 … 300毫升
醋 … 30毫升
蜂蜜 … 120克
辣椒水（Tabasco）… 1/2小匙

作法

1. 以奶油炒香洋蔥碎，待洋蔥炒軟後加入大蒜碎。

2. 加入辣椒粉和匈牙利紅椒粉，混合均勻後倒入黑啤酒，熬煮並萃取酒香。

3. 加入辣醬油、番茄醬和醋煮勻。

4. 再加入蜂蜜、辣椒水煮勻後，以小火煮至濃稠即可。

Worcestershire
辣醬油（烏斯特醬）

一種在印度由英國人發明，於英格蘭裝瓶（第一次上市時）稀薄、暗褐色的調味醬，其組成包括醬油、羅望子、蒜頭、洋蔥、糖蜜、萊姆、鰻魚、醋及其他調味品。

芒果、木瓜、柳橙與檸檬沙沙醬

Mango/ Papaya/ Orange and Lemon Salsa

材料

芒果丁 … 150 克	大蒜碎 … 15 克
木瓜丁 … 150 克	辣椒碎 … 10 克
柳橙果肉 … 150 克	香菜碎 … 5 克
檸檬果肉 … 50 克	檸檬汁 … 30 毫升
洋蔥碎 … 50 克	鹽、胡椒 … 適量

作法

1. 將所有材料混合。

2. 以適量的鹽和胡椒調味。

香蕉檸檬與薑的酸甜醬

Banana/ Lemon/ Ginger Chutney

材料

花生油 … 15 毫升	香蕉丁 … 3 顆
洋蔥碎 … 80 克	黑糖 … 80 克
薑碎 … 15 克	檸檬汁 … 30 毫升
肉豆蔻粉（nutmeg） … 1/2 小匙	紅酒醋 … 20 毫升
丁香（clove） … 1 顆	柳橙汁 … 50 毫升
肉桂（cinnamon） … 1/2 小匙	鹽、胡椒 … 適量

作法

1. 以花生油炒香洋蔥碎、薑碎、肉豆蔻粉、丁香、肉桂。

2. 加入香蕉丁炒軟後放入黑糖、檸檬汁、紅酒醋、柳橙汁並濃縮至濃稠。

3. 以適量的鹽和胡椒調味即可。

Clove 丁香

一種熱帶長青樹的未開花芽，經乾燥而成的香料，有著淡紅褐色澤，形狀如釘子且具刺激性、甘甜、收斂性風味，有整粒與粉末兩種包裝。

紅蘿蔔汁＆西芹菜汁
Carrot Juice & Celery Juice

材料

紅蘿蔔 … 600克

西洋芹菜 … 600克

作法

1. 將胡蘿蔔去皮、西芹削去纖維分別榨汁。

2. 各別用紗布過濾。

3. 將胡蘿蔔汁與西芹汁分別加熱濃縮至濃稠即可。

炭烤蔬菜沙沙醬

Roasted Tomatoes,
Grilled Onions and
Red Pepper Salsa

材料

牛番茄 … 3顆

洋蔥 … 1顆

紅椒 … 1顆

檸檬汁 … 25毫升

橄欖油 … 15毫升

辣椒 … 10克

洋蔥碎 … 50克

香菜碎 … 5克

大蒜碎 … 10克

鹽、胡椒 … 適量

作法

1. 番茄淋油（份量外）放入烤箱烤，切成小丁備用。

2. 洋蔥切成1/4塊狀，放在炭火上炙烤，再切成小丁；紅椒直火燒過，去皮去籽後切小丁。

3. 將番茄丁、洋蔥丁、紅椒丁、檸檬汁、橄欖油、辣椒碎、洋蔥碎、香菜碎、大蒜碎混合均勻。

4. 以適量的鹽和胡椒調味即可。

沙嗲醬

Satay Sauce

材料

花生油 … 50毫升

花生醬 … 100克

黃咖哩糊（yellow curry
  paste）… 1小匙

醋 … 50毫升

糖 … 30克

魚露 … 30毫升

椰漿 … 300毫升

鹽、胡椒 … 適量

作法

1. 將花生油、花生醬和黃咖哩
   糊以打蛋器混合均勻。

2. 加入醋、糖和魚露攪拌。

3. 最後加入椰漿，並以適量的
   鹽和胡椒拌勻調味即可。

九層塔醃醬
Basil Marinade

材料

義大利甜酒醋 … 45 毫升
檸檬汁 … 40 毫升
檸檬皮碎 … 1 顆
茴香酒 … 15 毫升
大蒜碎 … 15 克
九層塔葉切碎 … 20 克
紅蔥頭碎 … 15 克
鹽、胡椒 … 適量

作法

1. 將所有材料混合均勻。

2. 以適量的鹽和胡椒調味即可。

Pernod 茴香甘草香甜酒
一種法國香甜酒，以蒸餾茴香及
草本植物汁液加上浸軟的甘草
製成。烹調海鮮和魚類時可加入
調香。

甜酸醬
Sweet and Sour Sauce

材料

薑 … 15 克
大蒜 … 15 克
蔥 … 15 克
醬油 … 30 毫升
芝麻油 … 30 毫升
醋 … 120 毫升
蔬菜油 … 15 毫升
糖 … 120 克
鹽、胡椒 … 適量

作法

1. 將薑、大蒜、蔥白切碎。

2. 混合醬油、芝麻油、醋、油，並加入切碎的
   材料和糖混勻。

3. 拌勻後加入適量的鹽和胡椒調味即可。

Basic Oil Sauces

油醋醬汁

在油類醬汁中，通常是用於前菜、開胃菜或是沙拉、涼拌菜、冷菜比較多。可分為蛋黃醬（美乃滋）系列或是油醋系列。

蛋黃醬（美乃滋）系列變化而成的醬汁如：千島醬、塔塔醬都是比較濃稠的醬汁；若是油醋系列的醬汁，則是只用油與醋調製而成，若放久就會油醋分離，所以使用前需要搖一下，或是再次攪拌才可以。而且若是使用於生菜沙拉 Salad 調味時就要再多加一點鹽，才不會口味偏淡。

在本書中，有些風味油如：蝦夷蔥油、大蒜油或是蝦油，均可以在炒菜、煎魚或肉排中使用。

松露酒醋醬
Truffle Vinaigrette

材料

松露油 … 50毫升

橄欖油 … 40毫升

義大利甜酒醋 (balsamic) … 30毫升

鹽、胡椒 … 適量

作法

1. 將橄欖油和松露油放在鋼盆中,以打蛋器
   緩緩打入義大利甜酒醋。

2. 將油醋汁打至乳化狀態。

3. 以適量的鹽和胡椒調味即可。

Truffle Oil 松露油

將松露片或是松露碎浸漬在
特級初榨橄欖油中,讓油充
分吸收松露特殊的香氣。可
使用沙拉或湯中。

葡萄籽油醋醬
Grape Seed Oil Dressing

材料

洋蔥碎 … 30克

大蒜碎 … 10克

雪莉酒醋 (sherry wine vinegar)
　 … 30毫升

葡萄籽油 … 90毫升

鹽、胡椒 … 適量

作法

1. 將洋蔥碎、大蒜碎和雪莉酒醋混合均勻。

2. 葡萄籽油放在鋼盆中,以打蛋器緩緩打入
   雪莉醋汁,將油醋汁打至乳化狀態。

3. 以適量的鹽和胡椒調味即可。

**Grape Seed Oil
葡萄籽油**

取自葡萄籽的油脂,淺色、清淡
可口、中性風味、高冒煙點,也
適用於油炸食物或其他烹煮法。

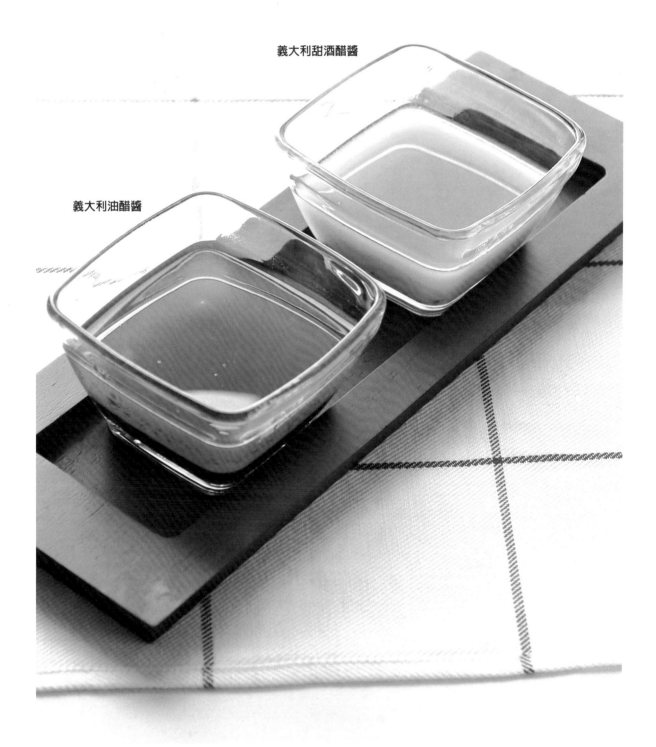

義大利甜酒醋醬

義大利油醋醬

義大利油醋醬
Italian Dressing

材料

紅酒醋⋯ 30毫升
橄欖油⋯ 90毫升
大蒜碎⋯ 10克
巴西利碎⋯ 5克
鹽、胡椒⋯ 適量

作法

1. 紅酒醋放在一只鋼盆中,以打蛋器緩緩打入橄欖油。

2. 將油醋汁打至乳化狀態,加入大蒜碎和巴西利碎,並攪拌均勻。

3. 以適量的鹽和胡椒調味即可。

義大利甜酒醋醬
Balsamic Dressing

材料

橄欖油⋯ 90毫升
義大利葡萄酒醋(balsamic)
⋯ 30毫升
鹽、胡椒⋯ 適量

作法

1. 橄欖油放在鋼盆中,以打蛋器緩緩
打入義大利甜酒醋。

2. 將油醋汁打至乳化狀態。

3. 以適量的鹽和胡椒調味即可。

Balsamic 義大利葡萄酒醋

一種暗色、圓潤、帶酸甜風味的義大利
醋,此醋由濃縮葡萄汁經發酵後置一系列
木桶中陳化15-20年而製成。出產地為義
大利帕馬省的 Modena 摩典那。

香橙油醋醬

藍莓油醋醬

香橙油醋醬
Orange Dressing

材料

濃縮柳橙汁 … 120毫升

檸檬汁 … 5毫升

橄欖油 … 120毫升

柳橙皮碎 … 5克

鹽、胡椒 … 適量

作法

1. 將濃縮柳橙汁和檸檬汁混合均勻。

2. 慢慢將橄欖油打入放有柳橙汁的鋼盆中，持續拌打到乳化。

3. 加入柳橙皮碎。

4. 並以適量的鹽和胡椒調味即可。

藍莓油醋醬
Blue Berry Dressing

材料

藍莓果泥 … 120毫升

檸檬汁 … 5毫升

橄欖油 … 120毫升

鹽、胡椒 … 適量

作法

1. 先將藍莓果泥和檸檬汁放在鋼盆中並混合均勻。

2. 緩緩加入橄欖油，並用打蛋器打勻至乳化狀態。

3. 以鹽和胡椒調味即可。

芒果油醋醬
Mango Dressing

材料

芒果果泥 … 150毫升

橄欖油 … 150毫升

鹽、胡椒 … 適量

作法

1. 將橄欖油緩緩加入放有芒果果泥的鋼盆中。

2. 用打蛋器打勻至乳化狀態。

3. 以鹽和胡椒調味即可。

覆盆子油醋汁

芒果油醋醬

覆盆子油醋汁
Raspberry Vinaigrette

材料

覆盆子果泥 … 120毫升

大蒜碎 … 10克

葡萄籽油 … 120毫升

鹽、胡椒 … 適量

作法

1. 先將覆盆子果泥和大蒜碎放在鋼盆中並混合均勻。

2. 緩緩加入葡萄籽油,並用打蛋器打勻至乳化狀態。

3. 以鹽和胡椒調味即可。

蝦油

大蒜油

蝦夷蔥油

蝦油
Shrimps Oil

材料

蝦殼 … 500 克
橄欖油 … 600 毫升
紅蔥頭 … 30 克

作法

1. 將蝦殼放在烤箱中烤香。

2. 用橄欖油慢火爆香紅蔥頭和蝦殼。

3. 再過濾即可。

蝦夷蔥油
Chive Oil

材料

新鮮蝦夷蔥 … 20 克
特級初榨橄欖油 … 90 毫升

作法

1. 將蝦夷蔥和橄欖油放入果汁機攪打成泥。

2. 靜置待其沉澱，撈取上半部的橄欖油即可。

大蒜油
Garlic Oil

材料

大蒜片 … 50 克
橄欖油 … 120 毫升

作法

將橄欖油和大蒜片一起爆香再過濾即可。

注意不要將大蒜燒焦。

蒜味蛋黃醬

蛋黃醬（美乃滋）

蛋黃醬（美乃滋）
Mayonnaise

材料

蛋黃⋯ 2顆
醋⋯ 30毫升
沙拉油⋯ 250毫升
芥末粉（mustard ground）
　⋯ 1小匙
鹽、胡椒⋯ 適量
冷開水⋯ 15毫升
檸檬汁⋯ 1/2小匙

作法

1. 將蛋黃放入鋼盆中，與些許的醋混合後，以打蛋器慢慢打入沙拉油，使其乳化濃稠。

2. 攪打成型後，加入芥末粉、醋和檸檬汁混合均勻。

3. 少許的冷開水（視情況加入）來調整濃稠度。

4. 以適量的鹽和胡椒調味即可。

蒜味蛋黃醬
Aioli

材料

蛋黃⋯ 2顆
醋⋯ 10毫升
大蒜碎⋯ 10克
沙拉油⋯ 250毫升
芥末粉（mustard ground）
　⋯ 1/2小匙
檸檬汁⋯ 1/2小匙
水⋯ 10毫升
鹽、胡椒⋯ 適量

作法

1. 將蛋黃放入鋼盆中，混合些許的醋和大蒜碎後，以打蛋器慢慢打入沙拉油，使其乳化濃稠。

2. 攪打成型後，加入芥末粉、醋和檸檬汁混合均勻。

3. 少許的冷開水（視情況加入）來調整濃稠度。

4. 以適量的鹽和胡椒調味即可。

Mustard Ground 芥末粉

一種混合的芥末籽細粉，呈亮黃色澤。

塔塔醬
Tartar Sauce

材料

蛋黃醬（美乃滋）… 180毫升
　（見103頁）

洋蔥碎 … 50克

蛋碎 … 1顆

酸豆（caper）碎 … 20克

酸黃瓜碎 … 20克

檸檬汁 … 20毫升

巴西利碎 … 5克

鹽、胡椒 … 適量

作法

1. 將所有切碎的材料與蛋黃醬混合均勻。

2. 以適量的鹽和胡椒調味即可。

使用塔塔醬

蟹肉餅附塔塔醬
Crab cakes with herbs tartar sauce

材料

蛋黃醬（美乃滋，見103頁）
　　80毫升
辣醬油　10毫升
辣椒水（Tabasco）　少許
洋蔥碎　50克
青蔥碎　50克
紅椒碎　45克
巴西利（parsley）碎　5克

蟹肉　400克
鹽、胡椒粉　適量

麵粉　適量
蛋　1個
麵包粉　175克

塔塔醬　適量

作法

1. 將所有材料放入鋼盆混合、拌均勻。

2. 等分成小團冷藏定型。

3. 依序沾裹上麵粉、蛋液、麵包粉。

4. 以中溫油炸至熟即可。

凱撒沙拉醬
Caesar Dressing

材料

蛋黃 … 2 顆

雪莉酒醋（Sherry wine
  vinegar）… 15 毫升

橄欖油 … 200 毫升

水煮蛋切碎 … 2 顆

鰻魚菲力切碎 … 6 片

大蒜碎 … 10 克

帕瑪森起司粉
  （Parmesan Cheese）
  … 50 克

檸檬汁 … 1 顆

辣醬油（Worcestershire
  sauce）… 適量

辣椒水（Tabasco）… 適量

作法

1. 蛋黃放在鋼盆中，加入少許的醋，緩緩加入橄欖油並以打
蛋器攪打，打至醬汁稠化、乳化。

2. 將其他材料與醬汁混合。

3. 加入少許辣椒水調味。

法式沙拉醬
French Dressing

材料

蛋黃醬（美乃滋）
  … 150 毫升

法國第戎（Dijon）
  芥末醬 … 15 毫升

大蒜碎 … 10 克

酸奶油（sour cream）
  … 30 毫升

雞高湯 … 50 毫升

鹽、胡椒 … 適量

作法

1. 將蛋黃醬、芥末醬、大蒜碎、酸奶油、雞高湯混合
均勻。

2. 加入少許的鹽和胡椒即可。

Sour Cream 酸奶油

經殺菌、均質過的輕質鮮奶
油（含18%以上的乳脂肪）以
乳酸菌發酵，有著強烈味道
而質地如膠，呈白色，適合當
佐料、烘焙與烹調使用。

雞尾酒醬
Cocktail Sauce

材料

洋蔥碎 … 40克　　番茄醬（ketchup）… 150毫升
辣椒碎 … 10克　　辣根醬（horseradish）… 10毫升
蔥碎 … 10克　　鹽、胡椒 … 適量
大蒜碎 … 10克
香菜碎 … 5克

作法

1. 將所有切碎的材料與番茄醬、辣根醬混合均勻。

2. 以適量的鹽和胡椒調味即可。

藍乳酪醬
Blue Cheese Dressing

材料

藍紋乳酪（blue　　蛋黃醬（美乃滋）
cheese）… 100克　　　… 60毫升
酸奶油（sour cream）　　大蒜碎 … 15克
　… 60克　　白色雞高湯 … 60毫升
　　　　　　鹽、胡椒 … 適量

作法

1. 將藍紋乳酪切小丁軟化，加入酸奶油攪拌均勻後。

2. 再放入蛋黃醬、大蒜碎、雞高湯後，攪拌均勻。

Bleu Cheese 藍紋乳酪

含有可見藍綠色黴菌的乳酪總
稱，具辛辣特性、酸味及芳香。
在美國及加拿大用牛或山羊奶
製成並注入黴菌形成藍綠紋路，
包括法國產的洛克福爾乳酪
（Roquefort）、義大利的戈貢佐
拉（Gorgonzola）乳酪，和英國
斯蒂爾頓（Stilton）藍乳酪。

千島醬

辣味醬

千島醬
Thousand Island

材料

蛋黃醬（美乃滋）… 250毫升
番茄醬（ketchup）… 80毫升
水煮蛋切碎 … 1顆
洋蔥碎 … 60克
酸黃瓜碎 … 5克
鹽、胡椒 … 適量

作法

1. 將蛋黃醬（美乃滋）與番茄醬
   混合均勻。

2. 所有切好的材料與醬混合均
   勻即可。

辣味醬
Hot Sauce

材料

蛋黃醬（美乃滋）… 120毫升
番茄醬（ketchup）… 60毫升
辣椒水（Tabasco）… 5毫升
鹽、胡椒 … 適量

作法

1. 將蛋黃醬（美乃滋）、番茄醬和辣
   椒水混合均勻。

2. 以適量的鹽和胡椒調味即可。

Basic stock

基本高湯

早期的褐色高湯最主要是用牛骨頭或是雞骨頭烤上色，再加上調味蔬菜和香料加水熬煮而成，現在的褐色高湯多半以雞骨頭和雞翅膀烤上色，加上調味蔬菜及香料所熬煮而成，這樣的膠質會比較豐富一點，褐色的顏色最主要是來自於骨頭烤後的顏色。褐色醬汁是由褐色高湯演變而來，所以褐色高湯熬得好，就能做出完美的褐色醬汁。

高湯保存：可將高湯熬好後冰鎮冰涼，然後用真空包裝起來，如果份量多的話，可以分成小包裝真空後標示日期放於冷凍，可保存半年，每次取所需分量解凍後使用。另外，也可以把高湯再濃縮，量就變少一點，要使用的時候可以再加水稀釋，味道還是一樣的。

白色雞高湯
White chicken stock

材料

汆燙過的雞骨 … 3公斤	**調味蔬菜**
冷水 … 10公升	洋蔥 … 150克
	紅蘿蔔 … 110克
月桂葉 … 3片	西洋芹菜 … 110克
黑胡椒粒 … 5克	青蒜苗 … 80克
百里香 … 1克	

> **注意：**汆燙雞骨
> 將雞骨放入冷水中，煮滾過濾，將雞骨洗乾淨。

作法

   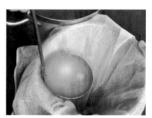

1. 將4種調味蔬菜切成塊狀
2. 雞骨、調味蔬菜、月桂葉、黑胡椒粒及百里香放入冷水裡
3. 再開大火煮滾，關小火慢煮約1.5小時，若有浮渣，去渣及浮油
4. 用紗布過濾，放入高湯鍋即可

褐色高湯
Brown beef stock

材料

烤上色的雞骨（或牛骨）… 5公斤	
冷水 … 15公升	
月桂葉 … 5片	**調味蔬菜**
黑胡椒粒 … 5克	洋蔥 … 150克
百里香 … 2克	紅蘿蔔 … 120克
迷迭香 … 2克	西洋芹菜 … 120克
	青蒜苗 … 100克

> **注意：**
> • 高湯中可放入番茄糊增加顏色。
> • 先用180℃烤箱將雞骨（或牛骨）烤上金黃色即可。

作法

  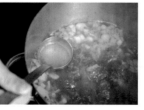 

1. 將4種調味蔬菜切成塊狀
2. 烤上色的雞骨、調味蔬菜、月桂葉、百里香、黑胡椒粒、迷迭香放入冷水
3. 大火煮滾關小火煮約4～5小時，去渣及浮油
4. 用紗布過濾放入高湯鍋

白色魚高湯
White fish stock

材料

魚骨（鱸魚骨）… 2公斤
冷水 … 6公升

洋菇 … 50克
百里香 … 1克
月桂葉 … 3片
黑胡椒粒 … 5克

調味蔬菜

洋蔥 … 100克
紅蘿蔔 … 80克
西洋芹菜 … 80克
青蒜苗 … 50克

作法

1. 將4種調味蔬菜（除洋菇外）切成塊狀

2. 把魚骨放入冷水中

3. 煮滾

4. 過濾，將魚骨洗乾淨

5. 將魚骨、調味蔬菜、月桂葉、百里香、黑胡椒粒，放入冷水大火煮滾

6. 再關小火煮約1小時，去渣及浮油

7. 用紗布過濾放入高湯鍋即可

白色魚高湯和白色雞高湯都是做醬汁的基本高湯。白色魚高湯適用於海鮮的醬汁，白色雞高湯適用於白色肉類和禽類。

Easy Cook

SAUCES 經典又創新的醬汁103種

作者　Eddie Chen 陳寬定

攝影　Toku Chao

出版者／大境文化事業有限公司　T.K. Publishing Co.

發行人　趙天德

總編輯　車東蔚

文案編輯　編輯部

美術編輯　R.C. Work Shop

台北市雨聲街 77 號 1 樓

TEL：(02) 2838-7996　　FAX：(02) 2836-0028

法律顧問　劉陽明律師　名陽法律事務所

初版日期　2022 年 9 月

定價　新台幣 360 元

ISBN-13：9789860636994　　書　號　E127

讀者專線　(02)2836-0069
www.ecook.com.tw
E-mail　service@ecook.com.tw
劃撥帳號　19260956 大境文化事業有限公司

請連結至以下表單填寫讀者回函，將不定期的收到優惠通知。

SAUCES 經典又創新的醬汁103種
陳寬定　著
初版．臺北市：大境文化
2022　112面；19×26公分
（Easy Cook系列；127）
ISBN-13：9789860636994
1.CST：調味品　2.CST：食譜
427.61　　111013256

本書為「會做醬汁就會做菜」新版，內容經大幅更新，並加入應用菜餚。